创意鲜果

鸡尾酒

Cocktails

apéros & liqueurs

[法] 玛雅 · 巴拉卡特 – 努克 著
吉玉婷 译

中国轻工业出版社

前言

无酒不成席，每个欢聚场合都少不了美酒饮品助兴。

含酒精鸡尾酒、无酒精鸡尾酒、利口酒、果酒、甜酒……对于有着琳琅满目菜品的冷餐会或者朋友间的聚会来说，这些饮品都是必不可少的。

无论是在洒满夏日阳光的花园里细品，还是在冬日夜色下的炉火边慢酌，这些饮品都能为聚会增添热烈、亲切的气氛。

无论何种场合，您都能在本书中找到最适合的美酒饮品。

有些饮品非常简单易做，比如多款鸡尾酒和果汁。另外一些饮品在调制时需要有一点儿耐心，但是当喝到调制好的饮品时，您还是会心满意足，觉得一切都是值得的。

- 目录 -

- 必备食材与用具 -

基础食材

新鲜时令果蔬	• 花朵（玫瑰、金合欢花……） • 水果（柑橘类、红果类、大黄……）	• 蔬菜（西芹、番茄……） • 香草（薄荷、马鞭草……）	
预包装食品	• 糖渍樱桃 • 鲜奶油 • 纯净水 • 苏打水 • 矿泉水 • 番茄汁	• 果汁（菠萝汁、橙汁、蔓越莓汁……） • 牛奶 • 椰浆 • 椰蓉 • 鸡蛋	• 糖浆（石榴糖浆、薄荷糖浆、杏仁糖浆） • 白糖 • 红糖
调料	• 八角 • 桂皮 • 小豆蔻 • 香菜	• 孜然 • 生姜 • 丁香 • 肉豆蔻	• 胡椒 • 盐
常用酒	• 啤酒 • 安格斯图拉苦酒 • 香槟酒 • 白兰地 • 君度 • 黑加仑甜酒	• 杜松子酒 • 柑曼怡 • 马天尼 • 茴香酒 • 白朗姆酒 • 龙舌兰酒	• 干白味美思 • 甜红味美思 • 白葡萄酒 • 红葡萄酒 • 伏特加 • 威士忌
各类果酒、利口酒和甜酒	• 酒精度 40 ~ 60 度		

用具

调制鸡尾酒

制作环节	• 搅拌机 • 潘趣酒碗 • 搅拌勺 • 汤匙和咖啡匙	• 开瓶器 • 鸡尾酒过滤勺 • 冰桶 • 调酒壶	• 搅拌杯（调酒杯） • 削皮器 / 擦菜器
玻璃盛器	• 笛形或碟形香槟酒杯 • 马克杯 • 坦布勒杯（容量为 250 毫升的大玻璃杯，适用于长饮型鸡尾酒）	• 威士忌酒杯或古典杯 • 高球杯 • 郁金香杯	
装饰环节	• 搅拌棒 • 长柄勺	• 小竹签 • 吸管	• 小纸伞

调制水果糖浆、利口酒和果酒

- 广口瓶
- 软木塞
- 大玻璃酒瓶
- 小玻璃酒瓶
- 长颈瓶
- 棉布
- 漏斗
- 滤纸
- 过滤网纱
- 封口铁丝
- 过滤勺
- 研杵
- 细筛
- 小木桶

- 计量标准 -

食材的计量标准

食材	1 咖啡匙	1 汤匙
黄油	7 克	20 克
可可粉	5 克	10 克
浓奶油	15 毫升	40 毫升
液体奶油	7 毫升	20 毫升
面粉	3 克	10 克
各种液体（水、油、醋、酒）	7 毫升	20 毫升
玉米粉	3 克	10 克
杏仁粉	6 克	15 克
葡萄干	8 克	30 克
米	7 克	20 克
盐	5 克	15 克
糖粉	5 克	15 克
砂糖	3 克	10 克

液体的计量标准

1 利口酒杯 =30 毫升
1 咖啡杯 =80 ~ 100 毫升
1 马克杯 =250 毫升

更多计量标准

1 个鸡蛋 =50 克
1 块榛子大小的黄油 =5 克
1 块核桃大小的黄油 =15 ~ 20 克

烤箱的校准

摄氏度（℃）	温度调节器
30	1 挡
60	2 挡
90	3 挡
120	4 挡
150	5 挡
180	6 挡
210	7 挡
240	8 挡
270	9 挡

基本
制作方法

糖浆的制作

砂糖 500 克 · 纯净水或矿泉水 500 毫升 · 香草、香料、食用色素可任意搭配

1 将平底锅置于小火上，锅内倒入砂糖和水，轻轻搅动糖水让砂糖完全化开，水煮至沸腾后再熬制 5 分钟。若希望糖浆更加浓稠，可以继续小火慢熬，待糖浆熬至金黄色后离火，放凉。

2 在熬制糖浆的过程中，若想要增加糖浆的芳香气味，可以在糖浆中放入香草或香料，等糖浆变浓稠时再将其取出。

3 滴上几滴绿色、红色或其他颜色的食用色素，可使糖浆的颜色更加诱人。

小贴士

熬好的糖浆需放在洁净、干燥的玻璃酒瓶中，置于阴凉处，避免阳光直射。

利口酒或甜酒的制作

香草（薄荷、马鞭草）· 香料（丁香、桂皮、生姜）· 水果（梨、菠萝）· 40 ~ 60 度白酒 1000 毫升 · 纯净水或矿泉水 1000 毫升 · 砂糖 500 克

制酒用具

配有密封盖的广口瓶 · 细筛或过滤网纱 · 玻璃酒瓶 · 软木塞

1 将白酒倒入广口瓶中，选择 1 种香草、香料或水果浸泡在白酒里，封好广口瓶。为了让香草或水果的香味物质充分浸到酒中，广口瓶至少需要静置四五天。若想让香味更浓些，可将原料浸泡时间延长至数月。

2 制作糖浆：将砂糖和水倒入平底锅内，小火慢熬至砂糖完全化开。

3 原料浸泡好后，打开广口瓶密封盖，将糖浆倒入白酒中。搅拌均匀后用细筛或过滤网纱将酒液滤入玻璃酒瓶中，并封好软木塞。

小贴士

甜酒与利口酒在含糖量上有所不同，甜酒的口感更甜，每升酒至少含有 250 克糖。此酒可以直接饮用，也可以加入冰块后饮用。甜酒最常见的喝法是加在鸡尾酒、葡萄酒或香槟酒中饮用，例如有名的黑加仑甜酒。黑加仑甜酒也是调制基尔酒的原料之一。

更多尝试

可以先从果汁开始尝试，将果汁作为原料来制作利口酒或甜酒。

凝结和过滤

利口酒 2000 ~ 3000 毫升 · 鸡蛋白 2 个

用具

过滤网纱、滤纸、筛子、棉布任选其一 · 漏斗

1 蛋白液充分打发成蛋白霜。

2 将蛋白霜加入到利口酒中。

3 搅拌均匀后，蛋白霜会包住悬浮在酒中的杂质，这便是凝结处理。凝结操作多由专业人员来进行，以便使接下来的过滤更有效。

4 过滤会让酒液清澈透亮。可将过滤网纱、滤纸、筛子或棉布放入漏斗中过滤酒液。过滤操作可在酒液的不同制作阶段进行，如浸泡后或加糖后。酒液可过滤 1 次，也可多次过滤。

含酒精鸡尾酒和无酒精鸡尾酒的制作

任意选择两种水果 · 100 毫升白酒、利口酒或葡萄酒 · 冰块

1 为了完整保留水果中的维生素，水果榨汁的步骤可以留到最后。榨汁后在果汁中添加需要的配料，如食用香精、白酒、香料或食用色素。

2 注意要选择适合的酒杯，以增添更多的视觉享受。可提前一两个小时将酒杯放入冰柜中冰镇一下。

3 根据不同的饮品，将酒杯倒扣在盛有白砂糖或细盐的小碟上，使白砂糖或细盐粘在酒杯边缘。如有必要，可用食用色素将白砂糖或细盐染上缤纷的颜色。随后在酒杯中加入冰块，将饮品倒入酒杯。

4 根据需要在酒杯上装饰水果串、柠檬片、橙子片、小纸伞、吸管等。

小贴士

在调制鸡尾酒时，没必要与配方上的剂量完全一致，配方上的剂量只是初次制作鸡尾酒时的一个参考。等再次调制时，完全可以按照自己的口味调配鸡尾酒。

果酒的制作

任意选择水果榨汁（黑加仑、无花果、黄香李、桃等）

制酒用具

木桶 · 温度计 · 漏斗 · 过滤网纱 · 玻璃酒瓶 · 软木塞 · 封口铁丝

1 木桶洗净晾干，将果汁倒入木桶中。注意不要装得太满，因为后期的发酵过程会产生大量气泡，使液面升高，所以要留出足够的空间。桶温恒定在 22℃，以确保 48 小时后开始发酵。根据水果种类不同，果汁通常需要发酵 1 ～ 3 周。如果是含糖量较低的水果，还需要在果汁中额外加入啤酒酵母。为了缓和果汁的酸度，可以在发酵未完成前的果汁里加入适量糖，这样能够提升发酵后果酒的甜度并达到期望的酒精度。

2 换桶。用虹吸管将酒液从一个木桶虹吸到另一个木桶，用以去除前一个木桶里的皮渣和酵母沉淀物。

3 凝结和过滤（具体方法见第 12 页）。任选过滤网纱、滤纸或棉布放入漏斗中过滤酒液。

4 将澄清后的酒液装入玻璃酒瓶中，塞入软木塞并用铁丝封口。将酒瓶平放，置于酒窖中。

小贴士

若想让酒液品质较好，所有的用具器皿都需清洗干净并完全晾干。果肉要进行筛选，剔除破损、发霉、腐烂的部分。

含酒精鸡尾酒

简单

4 人饮用

备料 5 分钟

玛格丽特

龙舌兰酒 200 毫升 · 柑曼怡 100 毫升 · 青柠檬 3 个 · 砂糖 2 汤匙 · 粗盐 1 撮 · 冰块适量

装饰材料

柠檬汁 1 汤匙 · 细盐

盛器

玛格丽特杯 4 个

主要用具

柠檬榨汁器 · 调酒壶 · 过滤勺

1 先用柠檬汁涂抹在玛格丽特杯的边缘，然后将玛格丽特杯倒扣在盛有细盐的小碟子上旋转 1 周。

2 将青柠檬洗净榨汁，柠檬汁倒入调酒壶中。

3 调酒壶中依次加入龙舌兰酒、柑曼怡和砂糖，最后加入 1 撮粗盐和冰块。

4 所有原料在调酒壶中充分摇匀后，将酒液通过过滤勺滤入玛格丽特杯中，注意不要弄湿盐边。

小贴士

著名的冰冻玛格丽特鸡尾酒是在搅拌机里制作的。制作时，将冰块打碎后加到玛格丽特鸡尾酒中，这样会让整个饮品的口感更加冰爽细腻。此酒可倒在大号玛格丽特杯中，配吸管饮用。

更多尝试

玛格丽特鸡尾酒中可以加入杧果、覆盆子等果肉。

简单

4 人饮用

备料 5 分钟

莫吉托

白朗姆酒 200 毫升・青柠檬 4 个・薄荷叶 40 片・白砂糖 4 汤匙・苏打水适量・冰块适量

装饰材料

薄荷枝・青柠檬片・吸管 4 支

盛器

坦布勒杯 4 个

主要用具

柠檬榨汁器・研杵

1 莫吉托鸡尾酒可直接在坦布勒杯中制作。青柠檬榨汁，将 1/4 的青柠檬汁倒入杯中，加入 1 汤匙白砂糖。

2 在杯中加入 10 片薄荷叶，加入前应事先用研杵把薄荷叶稍微挤压一下，但不要将薄荷叶捣碎，应仍保持叶片完整。

3 杯中依次加入 1/4 的白朗姆酒、预先打碎的冰块，然后倒入苏打水直至装满，将所有原料搅拌均匀。用同样方法再制作 3 杯。

4 分别选取 1 小段薄荷枝和 1 片青柠檬片装饰坦布勒杯，插入吸管即可饮用。

小贴士

在古巴，调酒师会用味道更加浓郁的胡椒薄荷来制作莫吉托鸡尾酒。如果不太容易找到这种食材，用普通的薄荷即可。

更多尝试

可以用薄荷糖浆、石榴糖浆、橙子糖浆或杏子露、杧果露来代替白砂糖。

简单

4 人饮用

备料 5 分钟

血腥玛丽

番茄汁 1000 毫升 · 伏特加 160 毫升 · 黄柠檬 1 个 · 伍斯特郡酱汁 4 汤匙 · 冰块 4 块 · 塔巴斯科辣椒酱数滴 · 香芹盐适量

装饰材料

西芹段 · 黄柠檬片 · 冰块

盛器

坦布勒杯 4 个

主要用具

柠檬榨汁器 · 调酒杯

1 黄柠檬榨汁，将柠檬汁倒入调酒杯。

2 调酒杯中加入番茄汁和伏特加，淋上伍斯特郡酱汁和塔巴斯科辣椒酱。再撒上香芹盐，加入冰块，搅拌均匀。

3 将调好的饮品分别倒入 4 个坦布勒杯中，每个坦布勒杯里放入几块冰块和一两片黄柠檬，在杯口装饰 1 片黄柠檬和 1 段西芹段即可。

小贴士

不要把塔巴斯科辣椒酱和香芹盐闲置在调料柜里，如果喜欢喝口味重的饮品，一定不要错过它们。

更多尝试

有些人在制作血腥玛丽鸡尾酒时，喜欢加 1 个生鸡蛋黄，这时一定要用调酒壶将原料充分摇匀，这一步非常重要。

简单
4 人饮用
备料 10 分钟
浸泡 3 小时

桑格利亚

红葡萄酒 1500 毫升 · 柑曼怡 50 毫升 · 白兰地 50 毫升 · 糖浆 50 毫升 · 橙子 2 个 · 黄柠檬 2 个 · 苹果 1 个 · 桂皮 1 根

装饰材料
黄柠檬片

盛器
郁金香杯或马克杯 4 个

主要用具
砧板 · 大沙拉碗或潘趣酒碗

1 水果洗净。橙子和黄柠檬切成薄片，保留果皮；苹果留皮去核，切成小块。将处理好的水果放入大沙拉碗中，若能放在潘趣酒碗里更好。

2 在大沙拉碗里依次加入柑曼怡、白兰地、糖浆、红葡萄酒和桂皮，随后搅拌均匀。

3 将大沙拉碗放入冰箱冷藏至少 3 小时。

4 在郁金香杯或马克杯的边缘装饰 1 片黄柠檬。从冰箱中取出大沙拉碗，用长柄汤勺将饮品盛到郁金香杯或马克杯里即可。

简单

4 人饮用

备料 5 分钟

椰林飘香

白朗姆酒 200 毫升 · 黑朗姆酒 100 毫升 · 菠萝汁 400 毫升 · 椰浆 200 毫升 · 冰块适量

装饰材料

糖渍樱桃 · 扇形菠萝片（新鲜菠萝或菠萝罐头）

盛器

马天尼杯或香槟酒杯 4 个

主要用具

搅拌机

1 将白朗姆酒和黑朗姆酒倒入搅拌机中。

2 往搅拌机中依次加入菠萝汁、椰浆和冰块。

3 低挡位搅拌，将原料搅拌成奶昔状。

4 将搅拌好的鸡尾酒倒入马天尼杯或香槟酒杯中，杯口装饰 1 颗糖渍樱桃和 1 片菠萝即可。

更多尝试

在椰林飘香鸡尾酒中加入鲜奶油，会使得其口感更香浓。

简单

4 人饮用

备料 5 分钟

凯匹林纳

卡沙萨（巴西朗姆酒）200 毫升・青柠檬汁 80 毫升・青柠檬 2 个・砂糖 4 汤匙・冰块适量

装饰材料

青柠檬片・红醋栗果或黑加仑果・搅拌棒・短吸管

盛器

古典杯 4 个

主要用具

搅拌勺・研杵

1 将青柠檬洗净，留皮切块后放入大玻璃杯中，并在青柠檬块上撒入砂糖。

2 用研杵用力挤压青柠檬块，尽量多地榨出汁水，将砂糖化开。

3 将青柠檬汁倒入大玻璃杯中搅拌，再加入冰块，调上卡沙萨，继续搅拌均匀。

4 在古典杯杯口装饰 1 片青柠檬和 1 颗红醋栗果或黑加仑果，将调好的鸡尾酒倒入杯中。饮用时配上 1 根搅拌棒和 1 根短吸管即可。

简单
4 人饮用
备料 5 分钟

亚历山大

白兰地 160 毫升 · 可可甜酒 120 毫升 · 鲜奶油 2 汤匙 · 冰块适量

装饰材料
可可粉 · 甜味掼奶油（可选）

盛器
马天尼杯或小号白兰地酒杯 4 个

主要用具
调酒壶

1 将冰块放入调酒壶中，倒入白兰地、可可甜酒和鲜奶油，用力摇晃均匀。

2 将调好的饮品倒入马天尼杯中，撒上可可粉装饰即可。也可加上一点甜味掼奶油，并配勺子饮用。

小贴士
不用冰块，来一杯火焰鸡尾酒会让来宾更加印象深刻。将调好的亚历山大鸡尾酒倒入酒杯中，用火柴点燃，蓝色火焰便会瞬间在杯中舞动，别具情调！

更多尝试
若喜欢咖啡风味的鸡尾酒，可以选择墨西哥咖啡甜酒；若想让口感更加丰富，可以选择百利甜酒。

简单

2 人饮用

备料 5 分钟

大都会

伏特加 160 毫升 · 橙味甜酒 100 毫升 · 蔓越莓汁 100 毫升 · 青柠檬汁 40 毫升 · 冰块适量

装饰材料

青柠檬片 · 酸浆果或杨桃片

盛器

马天尼杯 4 个

主要用具

调酒壶 · 过滤勺

1 提前将马天尼杯放入冰柜中冰镇一两个小时。

2 首先在调酒壶中装入冰块至 1/3 处，再依次加入伏特加、橙味甜酒、蔓越莓汁和青柠檬汁，用力摇晃均匀。

3 用过滤勺将调好的饮品滤入冰镇过的马天尼杯中，杯口装饰 1 片青柠檬、1 颗酸浆果或 1 片杨桃即可饮用。

更多尝试

可以试着调制一杯苹果大都会鸡尾酒，其制作方法很简单，用苹果汁代替蔓越莓汁即可。也可以进行更多尝试，如调制橙子大都会，菠萝大都会等。

非常简单

4 人饮用

备料 5 分钟

粉红番茄

茴香酒 200 毫升 · 冰纯净水或冰矿泉水 1000 毫升 · 石榴糖浆 120 毫升 · 冰块适量

盛器

坦布勒杯 4 个

1 先往坦布勒杯中倒入 50 毫升茴香酒，然后加冰纯净水或冰矿泉水至七分满。

2 杯中用一点石榴糖浆调色，加入冰块即可。再用同样的方法制作其他 3 杯。

更多尝试

将石榴糖浆换成杏仁糖浆，可以品味出莫莱斯库鸡尾酒的浓香润滑；将石榴糖浆换成薄荷糖浆，可以品尝到派罗奎特鸡尾酒的清凉爽口。

简单

4 人饮用

备料 5 分钟

贝利尼

熟透的桃子 4 个 · 桃子利口酒 4 汤匙 · 冰镇香槟酒 1 瓶

装饰材料

桃子片

盛器

笛形或碟形香槟酒杯 4 个

主要用具

搅拌机 · 搅拌勺

1 桃子洗净去皮，剔核切块。

2 将桃子块放入搅拌机，搅成泥状。

3 在桃泥中加入桃子利口酒，搅拌均匀，并将其放于冰箱中至桃泥完全凉透。

4 将桃泥倒入笛形或碟形香槟酒杯中，加上冰镇的香槟酒，用桃子片装饰杯口即可饮用。

小贴士

为了不让桃泥变黑，可在桃泥里淋上一点黄柠檬汁。

更多尝试

可将桃泥换成杧果泥，并撒上 1 撮生姜末。

非常简单

4 人饮用

备料 1 分钟

冷藏 6 小时

皇家经典基尔酒

干白葡萄酒、干香槟酒、半干香槟酒任选 1 瓶 · 黑加仑甜酒 100 毫升

主要用具

搅拌勺

盛器

高球杯或笛形香槟酒杯 4 个

1 将干白葡萄酒或干香槟酒放入冰箱冷藏室中冷藏 6 小时。

2 在高球杯或笛形香槟酒杯中倒上适量黑加仑甜酒。

3 将冰镇的干白葡萄酒或干香槟酒倒入酒杯中，搅拌均匀后即可饮用。

简单

4 人饮用

备料 5 分钟

阿美利加诺

金巴利 200 毫升・味美思 200 毫升・橙子 2 个・苏打水 120 毫升・冰块适量

装饰材料

橙子片・搅拌棒

盛器

古典杯 4 个

主要用具

削皮器・搅拌勺

1 橙子洗净，用削皮器削出大片的橙皮。

2 古典杯中放入冰块，倒入 1/4 的金巴利和 1/4 的味美思，搅拌均匀后加苏打水至九分满。

3 酒中放入一两片橙皮，搅拌均匀即可。其余 3 杯用同样方法制作。

4 在杯口装饰 1 片橙子，放上 1 根搅拌棒即可。

简单
4 人饮用
备料 5 分钟

曼哈顿

威士忌 160 毫升 · 马天尼红威末酒 100 毫升 · 安格斯图拉苦酒 40 毫升 · 冰块适量

装饰材料
糖渍樱桃

盛器
古典杯 4 个

主要用具
调酒壶 · 过滤勺

1 提前将古典杯放入冰柜中冰镇 2 小时。

2 调酒壶中依次加入威士忌、马天尼红威末酒、安格斯图拉苦酒和冰块，用力摇晃均匀。

3 用过滤勺将调好的饮品滤入冰镇过的古典杯，杯口装饰 1 颗糖渍樱桃即可。

小贴士
易碎的水晶酒杯不宜放入冰柜，可用大量冰块来冰镇。

更多尝试
若想将曼哈顿鸡尾酒变成短饮鸡尾酒，可在原料中去掉安格斯图拉苦酒；若想让鸡尾酒口感更加柔和，可添加双份威士忌和马天尼红威末酒。

简单

4 人饮用

备料 5 分钟

起泡杜松子酒

杜松子酒 240 毫升 · 黄柠檬汁 160 毫升 · 甘蔗糖浆 60 毫升 · 苏打水 100 毫升 · 冰块适量

装饰材料

黄柠檬片

盛器

坦布勒杯 4 个

主要用具

调酒壶

1 调酒壶中依次倒入杜松子酒、黄柠檬汁和甘蔗糖浆。

2 将冰块放入调酒壶中，用力摇晃调酒壶使原料混合均匀。

3 将调好的饮品倒入坦布勒杯中，根据个人喜好可以再放入几块冰块，最后加入苏打水至九分满。

4 在杯口装饰 1 片黄柠檬即可。

小贴士

制作冰块时，可在制冰盒的每个小格里放入一点黄柠檬皮碎末。

更多尝试

在制作时，用怡泉汤力水代替苏打水和甘蔗糖浆，即可调制出与起泡杜松子酒齐名的金汤力。此外，还可以尝试橙子菲士和琴姜汁。

简单

4 人饮用

备料 10 分钟

浸泡至少 2 小时

桑格利亚汽酒

冰镇棕啤酒 1000 毫升 · 半甜白葡萄酒 500 毫升 · 白兰地 70 毫升 · 青柠檬 2 个 · 熟透的菠萝 1 个 · 西瓜 1 块 · 葡萄 1 串（约 12 颗葡萄）· 猕猴桃 2 个 · 粗红糖 4 汤匙 · 10 厘米长的鲜生姜 1 块

装饰材料

杨桃片 · 菠萝叶

盛器

岩石杯或马克杯 4 个

主要用具

砧板 · 大沙拉碗或潘趣酒碗

1 将青柠檬和葡萄洗净并去子，青柠檬切成薄片，葡萄一切为二。菠萝、西瓜和猕猴桃去皮后切成小块。

2 鲜生姜去皮后切丝。

3 将处理好的水果放入大沙拉碗中，若能放在潘趣酒碗里更好。碗中依次加入粗红糖、鲜姜丝、半甜白葡萄酒和白兰地，搅拌均匀。随后将大沙拉碗放在冰箱里冷藏至少 2 小时。

4 从冰箱中取出大沙拉碗，倒入冰镇的棕啤酒。用长柄汤勺将饮品盛到岩石杯或马克杯里，杯口装饰几片菠萝叶和杨桃片即可。

简单

4 人饮用

备料 5 分钟

龙舌兰日出

龙舌兰 200 毫升 · 橙汁 800 毫升 · 石榴糖浆 100 毫升 · 冰块适量

装饰材料

橙子片 · 吸管

盛器

坦布勒杯 4 个

主要用具

搅拌杯 · 搅拌勺

1 搅拌杯中放入四五块冰块，加入龙舌兰和橙汁，充分搅拌均匀。

2 在坦布勒杯中淋上一些石榴糖浆，将混合好的原料倒在石榴糖浆上。由于比重不同，片刻后杯中会出现宛如日出的美丽渐层。

3 在杯口装饰 1 片橙子，根据个人喜好杯中可再加入几块冰块，配上吸管后即可饮用。

小贴士

搅拌杯上有刻度，可以直接用来量取液体，非常实用。

更多尝试

在制作龙舌兰日出鸡尾酒时，可以加入一些西柚汁，也可以加入两种柑橘类的混合果汁。

简单
4 ~ 6 人饮用
备料 5 分钟
浸泡 24 小时

马尔基赛特起泡酒

起泡白葡萄酒 1000 毫升 · 柠檬水 500 毫升 · 橙子糖浆 4 汤匙 · 橙子利口酒 4 汤匙 · 白朗姆酒 4 汤匙 · 橙子 1 个 · 黄柠檬 1 个

装饰材料
黄柠檬片

盛器
古典杯 4 个 · 长颈瓶

主要用具
大沙拉碗 · 配有密封盖的广口瓶 · 过滤勺

1 将橙子和黄柠檬洗净，留皮切成小块，放入沙拉碗中。

2 将橙子利口酒、白朗姆酒和橙子糖浆倒入沙拉碗中，搅拌均匀。

3 沙拉碗中倒入起泡白葡萄酒和柠檬水，搅拌均匀后将所有原料倒入广口瓶中。密封好瓶口，以免漏气。

4 将广口瓶放在冰箱中冷藏 24 小时，让香味充分融合。

5 从冰箱中取出广口瓶，开封后用过滤勺将饮品滤入长颈瓶中。饮用时将其倒入古典杯中，杯口装饰 1 片黄柠檬即可。

小贴士
若想让马尔基赛特起泡酒的气泡更加丰富，可在原料静置 24 小时后再加入起泡白葡萄酒，也可将起泡白葡萄酒直接倒入古典杯中。

更多尝试
若想让马尔基赛特起泡酒更有节日气氛，可将起泡白葡萄酒换成香槟酒；若想让此款鸡尾酒更具传统风味，可将起泡白葡萄酒换成苹果起泡酒或啤酒。前两款可配笛形香槟酒杯饮用，后一款可配比尔森啤酒杯饮用。

简单

8 人饮用
备料 5 分钟
冷藏 12 ~ 24 小时

庄园主

白朗姆酒 500 毫升 · 金朗姆酒 150 毫升 · 热带水果汁 1000 毫升（水果任选）· 橙汁 2000 毫升 · 黄柠檬汁 200 毫升 · 甘蔗糖浆 200 毫升 · 香草荚 1 根 · 八角 2 个

装饰材料

橙子片或黄柠檬片

盛器

古典杯或马克杯 8 个

主要用具

大沙拉碗或潘趣酒碗 · 研杵

1 把香草荚横切成 2 根细长条，八角用研杵略微捣碎，一起放入沙拉碗中，若能放在潘趣酒碗里更好。

2 沙拉碗中依次倒入热带水果汁、橙汁、黄柠檬汁、白朗姆酒、金朗姆酒和甘蔗糖浆，充分搅拌均匀。

3 将沙拉碗放入冰箱冷藏 12 ~ 24 小时，让各种味道完全融合。

4 从冰箱中取出沙拉碗，用长柄汤勺将饮品盛到古典杯或马克杯里，杯口装饰 1 片橙子或 1 片黄柠檬即可。

小贴士

在庄园主鸡尾酒中同时加入黄柠檬汁、橙汁和甘蔗糖浆，就可调制出一款适合悠闲慢饮的长饮鸡尾酒。

更多尝试

可将 2 个橙子、1 个青柠檬、1 个黄柠檬切块，一起泡在此款鸡尾酒中饮用。

简单

4 人饮用

备料 5 分钟

金色绽放

金朗姆酒 400 毫升 · 焦香橙子利口酒 250 毫升 · 苦开胃酒 100 毫升 · 粗红糖 2 汤匙 · 冰块适量

装饰材料

橙子片 · 吸管

盛器

坦布勒杯 4 个

主要用具

调酒壶 · 过滤勺

更多尝试

若焦香橙子利口酒不容易找到，可用普通的橙子利口酒代替，同时将粗红糖换成焦糖。

1 金朗姆酒、焦香橙子利口酒、苦开胃酒和粗红糖各取 1/4 倒入调酒壶中，加入冰块后充分摇匀。

2 用过滤勺将饮品滤入坦布勒杯中，滤出冰块。杯口装饰 1 片橙子，配上吸管即可。再用同样方法制作其他 3 杯鸡尾酒。

利口酒和甜酒

简单

制作量 2 瓶
备料 15 分钟
晾干 3 周
浸泡 3 周

香橙之城席拉布

橙子 5 个 · 橘子 4 个 · 白朗姆酒 1000 毫升 · 鲜生姜 1 块 · 香草荚 1 根（横切成 2 根细长条）· 桂皮 1 根 · 丁香 2 颗 · 肉豆蔻粉 1/2 咖啡匙 · 砂糖 500 克 · 纯净水 250 毫升

主要用具

配有密封盖的广口瓶 · 细筛 · 漏斗 · 配有软木塞的玻璃酒瓶 2 个

香橙之城

1 将橙子和橘子洗净擦干，用削皮器削去薄薄的黄色外皮，注意要保留皮下白色的橘络。

2 将削下来的果皮放在底部透气的筐子中，在通风处晾置 3 周。

3 3 周后，将晾干的果皮放入洁净、干燥的广口瓶中，再依次加鲜生姜、香草荚、桂皮、丁香和肉豆蔻粉，最后将白朗姆酒倒入广口瓶，盖好密封盖，让果皮在加了香料的白朗姆酒中浸泡 3 周。注意浸泡期间需多次打开广口瓶搅拌酒液。

席拉布

1 果皮浸泡好后，便可制作糖浆：将砂糖和纯净水倒入平底锅内，小火慢熬至砂糖完全化开，轻轻搅动糖水至水开。注意水开后要立刻将糖水离火。

2 用漏斗和细筛将广口瓶中的酒液滤入玻璃酒瓶中，加入糖浆搅拌均匀，随后用软木塞封口。

小贴士

席拉布可以存放很久，并且越陈越好。席拉布的饮用方法与利口酒类似，可以直接饮用，可以加入冰块后饮用，也可以作为调制多款鸡尾酒的原料。

简单

制作量 3 瓶
备料 20 分钟
浸泡 3 周
放置 1 个月

草莓利口酒

草莓 1500 克 · 1/2 个黄柠檬榨出的柠檬汁 · 50 度白酒 1500 毫升 · 白砂糖 750 克 · 纯净水 200 毫升

主要用具

配有密封盖的广口瓶 · 过滤勺和细筛 · 漏斗 · 配有软木塞的玻璃酒瓶 3 个

1 剔除腐烂的草莓，将完好的草莓在沥水篮中快速冲洗干净，放在干净的布上晾干。然后去除草莓蒂，用叉子将草莓略微捣碎，放入洁净、干燥的广口瓶中。

2 广口瓶中倒入白酒，盖好密封盖，置于阴凉通风处，让草莓在白酒中浸泡 3 周（具体方法见第 11 页）。

3 草莓浸泡好后，便可制作糖浆：将白砂糖和纯净水倒入平底锅内，小火煮至水开，其间轻轻搅动糖水。水开后立即倒入柠檬汁，随后关火（具体方法见第 10 页）。

4 打开广口瓶，将其中的酒液通过过滤勺、细筛以及漏斗滤入玻璃酒瓶中，加入糖浆后搅拌均匀，随后用软木塞封口（具体方法见第 12 页）。

5 酒瓶在阴凉避光处放置至少 1 个月后才可饮用。

Parfait

简单
制作量 2 升
备料 30 分钟
浸泡 15 天

咖啡甜酒

烘焙过的咖啡豆 100 克 · 60 度白酒 500 毫升 · 砂糖 1000 克 · 纯净水 500 毫升

主要用具
配有密封盖的广口瓶 · 研杵 · 细筛 · 漏斗 · 配有软木塞的玻璃酒瓶

1 用研杵将咖啡豆研磨成粗粒（若没有研杵，可将咖啡豆包在布中用擀面杖压碎）。

2 将研碎的咖啡豆放到洁净、干燥的广口瓶中，加入白酒，盖好密封盖，让咖啡豆在白酒中浸泡 15 天（具体方法见第 11 页）。

3 咖啡豆浸泡好后，便可制作糖浆：将砂糖和纯净水倒入平底锅内，小火煮至水开后再熬制 5 分钟，其间轻轻搅动糖水。打开广口瓶，将广口瓶中的酒液通过细筛过滤，再将糖浆倒入过滤后的酒液中，充分搅拌均匀（具体方法见第 12 页）。

4 将加入糖浆的酒液用细筛和漏斗滤入玻璃酒瓶中，并用软木塞封口。

简单

制作量 2 升
备料 10 分钟
浸泡 2 周
放置 3 周

茴香甜酒

茴芹子 30 克 · 茴香子 30 克 · 八角 30 克 · 40 度白酒 1000 毫升 · 砂糖 800 克 · 纯净水 500 毫升

主要用具

配有密封盖的广口瓶 · 研杵 · 过滤勺和细筛 · 漏斗 · 配有软木塞的玻璃酒瓶

1 用研杵将茴芹子、茴香子和八角研碎，放入洁净、干燥的广口瓶中。瓶中倒入白酒，盖好密封盖，让香料碎末在白酒中浸泡 2 周（具体方法见第 11 页）。

2 香料浸泡好后，便可制作糖浆：将砂糖和纯净水倒入平底锅内，轻轻搅动糖水，小火煮至水开后再熬制 1 分钟，便可离火放凉（具体方法见第 10 页）。

3 打开广口瓶密封盖，将广口瓶中的酒液通过过滤勺、细筛和漏斗滤入玻璃酒瓶中（具体方法见第 12 页）。

4 玻璃酒瓶里加入糖浆后搅拌，随后用软木塞封口。酒瓶在阴凉避光处放置 3 周即可饮用。

简单

制作量 2 升
备料 15 分钟
浸泡 1 周

格罗格酒

白兰地 500 毫升 · 金朗姆酒 500 毫升 · 40 度白酒 250 毫升 · 黄柠檬 1 个 · 橙子 1 个 · 桂皮 1 根 · 丁香 4 颗 · 小豆蔻 2 粒 · 八角 2 颗 · 砂糖 1000 克 · 纯净水 250 毫升

主要用具

配有密封盖的广口瓶 · 细筛 · 漏斗 · 配有软木塞的玻璃酒瓶

1 将黄柠檬和橙子洗净擦干后切成小块，放在洁净、干燥的广口瓶中。瓶中依次加入桂皮、丁香、小豆蔻、八角，并倒入白酒、金朗姆酒和白兰地，盖好密封盖，让所有原料在白酒中浸泡 1 周（具体方法见第 11 页）。

2 原料浸泡好后，便可制作糖浆：将砂糖和纯净水倒入平底锅内，轻轻搅动糖水，小火煮至水开后便可离火放凉（具体方法见第 10 页）。

3 用细筛将广口瓶中的酒液过滤，加入糖浆后搅拌均匀（具体方法见第 12 页）。

4 将格罗格酒通过漏斗装入玻璃酒瓶中，用软木塞封口。

小贴士

格罗格酒可以像利口酒一样直接饮用，也可以对入热水，调制成一杯口感更地道的热饮。

简单

制作量 2 瓶
备料 30 分钟
浸泡 6 个月

杏核利口酒

杏核 100 克（约 1000 克杏子）・白砂糖 500 克・40 度水果白酒 1000 毫升・白兰地 100 毫升

主要用具

配有密封盖的广口瓶・过滤网纱・漏斗・配有软木塞的玻璃酒瓶 2 个

1 杏剔出杏核，保留杏核上黏着的果肉。将杏核直接放到洁净、干燥的广口瓶中，加入白砂糖和水果白酒，搅拌均匀。

2 广口瓶盖好密封盖，置于有阳光直射的地方，让杏核在白酒中浸泡 4 个月（具体方法见第 11 页）。

3 4 个月后，用过滤网纱和漏斗将浸泡好的酒液滤入 2 个玻璃酒瓶中（具体方法见第 12 页）。每个酒瓶中倒入 50 毫升白兰地，用软木塞封口。将酒瓶在阴凉避光处放置 2 个月后即可饮用。

简单

制作量 3 升
备料 1 小时
浸泡 1 个月

黑加仑甜酒

黑加仑 1500 克（保留一些叶子）· 50 度白酒 1500 毫升 · 砂糖 500 克 · 纯净水 500 毫升

主要用具

配有密封盖的广口瓶 2 个 · 细筛或过滤网纱 · 漏斗 · 配有软木塞的玻璃酒瓶 3 个或配有软木塞的 1 升装长颈瓶 3 个

1 将黑加仑果粒和叶子洗净沥干，放入洁净、干燥的广口瓶中，倒入白酒（具体方法见第 11 页）。

2 制作糖浆：将砂糖和纯净水倒入平底锅内，轻轻搅动糖水，小火煮至水开后便可离火（具体方法见第 10 页）。将热糖浆倒入广口瓶中，盖好密封盖，置于温暖处 1 个月，其间可多次摇晃广口瓶，让所有原料充分混合。

3 用细筛或过滤网纱将浸泡好的酒液过滤，过滤出来的果肉可用过滤网纱包好，挤压出更多的酒液（具体方法见第 12 页）。

4 将过滤后的酒液用漏斗装入玻璃酒瓶或长颈瓶中，用软木塞封口。

简单

制作量 6 瓶
备料 1 小时
浸泡 5 周
放置 3 周

榅桲甜酒

榅桲 6 个 · 香草精 1 咖啡匙 · 八角 4 颗 · 65 度白酒 1000 毫升 · 砂糖 700 克 · 纯净水 1000 毫升

主要用具

配有密封盖的广口瓶 2 个 · 细筛 · 漏斗 · 配有软木塞的玻璃酒瓶 6 个

1 将榅桲洗净擦干，切成小块，放入洁净、干燥的广口瓶中。

2 广口瓶中加入香草精和八角，再加入白酒，盖好密封盖，让榅桲在白酒中浸泡 5 周（具体方法见第 11 页）。

3 5 周后，用细筛将浸泡好的酒液过滤，过滤出来的果肉可用过滤网纱包好，挤压出更多的酒液（具体方法见第 12 页）。

4 制作糖浆：将平底锅置于小火上，砂糖和纯净水倒入锅内，轻轻搅动糖水让砂糖完全化开，水开后再熬制 15 分钟（具体方法见第 10 页）。将糖浆倒入过滤后的酒液，随后用漏斗装入玻璃酒瓶中，用软木塞封口。酒瓶在阴凉避光处放置 3 周即可饮用。

简单

制作量 6 瓶
备料 1 小时
浸泡 1 个月
放置 2 天

橘子利口酒

橘子 2000 克・90 度白酒 1000 毫升・桂皮 1 根・莳萝子或香菜子少许・砂糖 1500 克・纯净水 1500 毫升

主要用具

配有密封盖的广口瓶・细筛・漏斗・配有软木塞的玻璃酒瓶 6 个

1 橘子洗净擦干，将橘子皮剥下来放入洁净、干燥的广口瓶中。

2 广口瓶中依次加入白酒、桂皮、莳萝子或香菜子，盖好密封盖，置于温暖处或有阳光直射的地方，让橘子皮在白酒中浸泡 1 个月（具体方法见第 11 页）。

3 原料浸泡好后，便可制作糖浆：将平底锅置于小火上，砂糖和纯净水倒入锅内，轻轻搅动糖水，水开后再熬制 10 分钟（具体方法见第 10 页）。打开广口瓶，将热糖浆倒入，与酒液搅拌均匀，继续放置 2 天。

4 用细筛和漏斗将浸泡好的酒液滤入玻璃酒瓶中（具体方法见第 12 页）。

简单

制作量 5 瓶
备料 45 分钟
浸泡 3 周

栗子咖啡利口酒

栗子 1000 克 · 咖啡豆 30 克 · 80 度白酒 1000 毫升 · 砂糖 1000 克 · 纯净水 500 毫升

主要用具

配有密封盖的广口瓶 · 研杵 · 细筛或过滤网纱 · 漏斗 · 配有软木塞的玻璃酒瓶 5 个

1 将栗子用刀切“十”字形，放入平底锅中，加水煮 30 分钟，随后沥干放凉。

2 栗子去皮，用研杵将栗子仁和咖啡豆分别研成粗颗粒。

3 将研碎的栗子仁和咖啡豆放入洁净、干燥的广口瓶中，加入白酒后，盖好密封盖。让栗子仁和咖啡豆在白酒中浸泡 3 周（具体方法见第 11 页）。

4 3 周后，用细筛或过滤网纱将浸泡好的酒液过滤（具体方法见第 12 页）。制作糖浆：平底锅置于小火上，将砂糖和纯净水倒入锅内，轻轻搅动糖水，水开后再熬制 10 分钟后关火（具体方法见第 10 页）。然后将热糖浆倒入酒液里，搅拌均匀，用细筛和漏斗将酒液滤入玻璃酒瓶中。

简单

制作量 4 瓶
备料 40 分钟
浸泡 1 个月
放置 2 周

薄荷哈密瓜利口酒

熟透的哈密瓜 2 个 · 薄荷枝 1 束 · 60 度白酒 1000 毫升 · 砂糖 750 克 · 纯净水 1000 毫升

主要用具

配有密封盖的广口瓶 · 细筛 · 过滤网纱 · 漏斗 · 配有软木塞的玻璃酒瓶 4 个

1 将薄荷叶洗净沥干，装进洁净、干燥的广口瓶中，加入白酒后盖好密封盖，置于温暖处，让薄荷叶在白酒中浸泡 1 个月（具体方法见第 11 页）。

2 薄荷叶浸泡好后，便可制作糖浆：平底锅置于小火上，将砂糖和纯净水倒入锅内，轻轻搅动糖水，熬制 15 分钟后离火（具体方法见第 10 页）。

3 将哈密瓜削皮去子，果肉切成小块，倒入热糖浆中浸泡 10 分钟。

4 打开广口瓶密封盖，将装有哈密瓜的糖浆全部倒入白酒中，搅拌均匀。用细筛将酒液过滤，过滤出来的果肉和薄荷叶可用过滤网纱包好，挤压出更多的酒液。随后将酒液再次过滤（具体方法见第 12 页）。

5 将过滤好的酒液用漏斗装入玻璃酒瓶中，在阴凉避光处放置 2 周即可饮用。

非常简单

制作量 5 瓶
备料 45 分钟
浸泡 5 周

杜松子蓝莓利口酒

蓝莓 750 克 · 45 度白酒 1000 毫升 · 砂糖 600 克 · 杜松子 50 克 · 丁香 2 颗 · 桂皮 1 根

主要用具

配有密封盖的广口瓶 · 过滤网纱 · 漏斗 · 配有软木塞的玻璃酒瓶 5 个

1 将蓝莓洗净沥干，与杜松子一起装进洁净、干燥的广口瓶中，加入丁香、桂皮、白酒和砂糖。

2 将原料搅拌均匀后盖好密封盖，让蓝莓和杜松子在白酒中浸泡 5 周。其间可多次摇晃广口瓶，让原料充分混合（具体方法见第 11 页）。

3 原料浸泡好后，打开广口瓶密封盖，用过滤网纱将酒液过滤，过滤出来的果肉可用过滤网纱包好，挤压出更多的酒液（具体方法见第 12 页）。

4 将过滤好的酒液通过漏斗装入玻璃酒瓶中，用软木塞封口。

简单

制作量 3 瓶
备料 45 分钟
浸泡 6 周

桃子利口酒

桃子 1000 克 · 50 度白酒 1000 毫升 · 香草荚 1 根 · 杏仁精 1/2 咖啡匙 · 砂糖 700 克 · 纯净水 250 毫升

主要用具

搅拌机 · 配有密封盖的广口瓶 · 细筛 · 漏斗 · 配有软木塞的玻璃酒瓶 3 个

1 桃子洗净，擦干后去核，果肉放入搅拌机中榨出桃汁；香草荚横切成 2 根细长条。将桃汁和香草荚装进洁净、干燥的广口瓶中，加入杏仁精和白酒。

2 将广口瓶盖好密封盖，置于温暖处，让原料在白酒中浸泡 6 周（具体方法见第 11 页）。

3 原料浸泡好后，便可制作糖浆：平底锅置于小火上，将砂糖和纯净水倒入锅内，轻轻搅动糖水，水开后离火（具体方法见第 10 页）。用细筛将广口瓶中的酒液过滤，然后将糖浆倒入过滤好的酒液中，搅拌均匀（具体方法见第 12 页）。

4 将混合好的酒液通过漏斗装入玻璃酒瓶中，置于阴凉避光处保存。

简单

制作量 2 升
备料 45 分钟
浸泡 1 个月

香草利口酒

香草荚 3 根 · 桂皮 1 根 · 50 度白酒 2000 毫升 · 砂糖 2000 克 · 纯净水 1000 毫升

主要用具

配有密封盖的广口瓶 · 厨房温度计 · 细筛 · 漏斗 · 配有软木塞的玻璃酒瓶

1 将香草荚分别横切成 2 根细长条，每根再切成 3 段，与桂皮一起放入洁净、干燥的广口瓶中，加入白酒，盖好密封盖。让香草荚和桂皮在白酒中浸泡 1 个月（具体方法见第 11 页）。

2 原料浸泡好后，便可制作糖浆：平底锅置于小火上，将砂糖和纯净水倒入锅内，轻轻搅动糖水（具体方法见第 10 页）。水开后用厨房温度计测一下水温，当水温达到 101℃后关火，让糖浆自然冷却。

3 用细筛将广口瓶中的酒液过滤，将糖浆倒入过滤好的酒液中，搅拌均匀（具体方法见第 12 页）。然后将混合好的酒液用细筛和漏斗滤入玻璃酒瓶中，封好软木塞即可。

小贴士

在切香草荚时，注意保留香草荚中的香草籽，因为正是这些香草籽在浸泡过程中释放出香味。

非常简单

制作量 4 瓶
备料 30 分钟
浸泡 1 周 + 5 天

玫瑰利口酒

新鲜玫瑰花瓣 500 克 · 砂糖 1000 克 · 45 度白酒 2000 毫升

主要用具

配有密封盖的广口瓶 · 细筛 · 漏斗 · 配有软木塞的玻璃酒瓶 4 个

1 将玫瑰花瓣进行筛选，剔除残缺破损的花瓣以及茎叶部分。

2 先在洁净、干燥的广口瓶中铺一层玫瑰花瓣，然后撒上一层砂糖。在砂糖上再铺一层玫瑰花瓣，之后撒上一层砂糖。如此反复，直到所有的花瓣和砂糖用完。

3 盖好密封盖，将广口瓶置于阴凉避光处 1 周，直到砂糖完全化开（具体方法见第 11 页）。

4 打开广口瓶密封盖，将白酒倒入后重新盖好，继续放置 5 天。

5 用细筛和漏斗将酒液滤入玻璃酒瓶中，立即用软木塞封口（具体方法见第 12 页）。

简单

制作量 5 瓶
备料 25 分钟
浸泡 2 个月
放置 3 天

缤纷水果甜酒

熟透的混合水果 1000 克（樱桃、李子、桃子……）・红葡萄酒 1500 毫升・45 度白酒 2000 毫升

主要用具

配有密封盖的广口瓶・细筛・漏斗・配有软木塞的玻璃酒瓶 5 个

1 将白酒倒入洁净、干燥的广口瓶中，每天往广口瓶中加入少量压碎的水果（连同果核一起压碎放入），随后盖好密封盖。如此反复，直到所有水果都放入广口瓶中。让所有水果在白酒中浸泡至少2个月（具体方法见第11页）。

2 水果浸泡好后，将酒液用细筛滤出，果肉用干净的布包好，挤压出更多的酒液。

3 广口瓶洗净晾干，将酒液重新倒入广口瓶中，加入红葡萄酒，盖好密封盖，放置 3 天。

4 用细筛和漏斗将酒液过滤到玻璃酒瓶中，立刻封好软木塞（具体方法见第 12 页）。

简单

制作量 8 瓶
备料 30 分钟
浸泡 1 个月

葡萄甜酒

白葡萄 1000 克 · 黑葡萄 1000 克 · 60 度白酒 2000 毫升 · 夏布利干白葡萄酒 750 毫升 · 桂皮 1 根 · 砂糖 600 克 · 纯净水 500 毫升

主要用具

配有密封盖的广口瓶 · 细筛 · 漏斗 · 配有软木塞的玻璃酒瓶 8 个

1 将两种葡萄洗净、去梗，放入平底锅中加纯净水煮沸，10 分钟（将果子煮烂）后关火，让葡萄汁自然冷却。

2 用细筛将冷却的葡萄汁滤入洁净、干燥的广口瓶中（具体方法见第 12 页）。

3 广口瓶中依次加入夏布利干白葡萄酒、桂皮、砂糖和白酒，搅拌均匀后盖好密封盖。

4 让所有原料在广口瓶中浸泡 1 个月，其间可多次摇晃广口瓶让原料充分混合。1 个月后，用细筛和漏斗将酒液滤入玻璃酒瓶中，立即封好软木塞（具体方法见第 11 页）。

小贴士

甜酒与利口酒的口味很相似，但口感没有利口酒那样浓稠黏腻。因为甜酒的主要原料是葡萄酒和少量的糖。

简单

制作量 3 瓶
备料 2 小时
浸泡 15 天

樱桃甜酒

酸樱桃 1000 克 · 覆盆子 200 克 · 砂糖 200 克 · 40 度白酒 1000 毫升

主要用具

去核器 · 搅拌机 · 细筛 · 研杵或锤子 · 配有密封盖的广口瓶 · 过滤勺和过滤网纱 · 棉布 · 漏斗 · 配有软木塞的玻璃酒瓶 3 个

1 樱桃筛选好后，洗净去核，放入搅拌机中榨汁，用细筛滤出果汁。

2 将樱桃核用干净的棉布包好，用研杵或锤头捣碎。

3 将樱桃汁和捣碎的樱桃核一起放入洁净、干燥的广口瓶中，加入覆盆子和白酒，盖好密封盖，让所有原料在白酒中浸泡 15 天（具体方法见第 11 页）。原料浸泡好后，将过滤网纱盖在过滤勺上，过滤浸泡好的酒液（具体方法见第 12 页）。

4 在过滤好的酒液中加入砂糖，搅拌直到砂糖化开。

5 取一块厚棉布放在漏斗上，将酒液滤入玻璃酒瓶中，封好软木塞（具体方法见第 12 页）。

小贴士

砂糖在酒液中很难完全化开，需要有点耐心哦！

简单
制作量 4 瓶
备料 20 分钟
浸泡 15 天

锡兰红茶甜酒

锡兰红茶 2 咖啡匙 · 50 度白酒 1000 毫升 · 砂糖 1000 克 · 纯净水 1000 毫升

主要用具
配有密封盖的广口瓶 · 细筛 · 漏斗 · 配有软木塞的玻璃酒瓶 4 个

1 将白酒倒入洁净、干燥的广口瓶中，加入锡兰红茶，盖好密封盖。让红茶在白酒中浸泡 15 天（具体方法见第 11 页）。

2 浸泡好后，用细筛将酒液过滤后重新装入广口瓶中。

3 制作糖浆：平底锅置于小火上，将砂糖和纯净水倒入锅内，轻轻搅动糖水，水开后离火放凉（具体方法见第 10 页）。随后将冷却的糖浆倒入酒液里搅拌均匀。

4 将搅拌好的酒液用细筛和漏斗滤入玻璃酒瓶中，封好软木塞（具体方法见第 12 页）。

小贴士
在锡兰红茶甜酒中加入生姜、桂皮和丁香，可使酒味更加醇厚。

果酒

简单

制作量 4 瓶
备料 45 分钟
发酵 2 周
放置 4 周

桃子酒

熟透的桃子 5000 克 · 砂糖 800 克 · 啤酒酵母 2 克 · 纯净水 2000 毫升

主要用具

搅拌机 · 5 升装的木桶 · 细筛 · 棉布 · 漏斗 · 玻璃酒瓶 4 个 · 软木塞 · 封口铁丝

1 桃子洗净去核，桃肉放入搅拌机中搅碎，搅碎后的果肉装入洁净、干燥的木桶中（具体方法见第 14 页）。

2 将砂糖和啤酒酵母放入纯净水中稀释，并将其倒入木桶中。然后将木桶封好，让原料在木桶中发酵 2 周。

3 2 周后，打开木桶，用细筛滤出酒液，并用湿棉布将木桶中的皮渣和酵母沉淀物包好，挤压出更多的酒液。

4 木桶洗净晾干，将过滤好的酒液再次放入木桶中，封好后放置 4 周。4 周后，用漏斗将酒液装入玻璃酒瓶中，盖好软木塞，用铁丝封口。

小贴士

桃子酒需保存在阴凉避光处。

简单

制作量 5 升
备料 30 分钟
发酵 3 周
放置 4 周

李子酒

李子 7000 克 · 砂糖 1200 克 · 啤酒酵母 3 克 · 温水少许 · 纯净水 3000 毫升

主要用具

搅拌机 · 7 升装的木桶 2 个 · 沙拉碗 · 虹吸管 · 棉布 · 漏斗 · 玻璃酒瓶 · 软木塞 · 封口铁丝

1 李子洗净，擦干水分后去核，将果肉放入搅拌机中搅碎，然后放入洁净、干燥的木桶中。

2 将啤酒酵母和少许温水放入沙拉碗中搅匀，与砂糖、纯净水一起加入木桶中。将木桶封好，让原料在木桶中发酵 3 周。

3 3 周后，用虹吸管将酒液从第一个木桶吸到另一个木桶中，并用湿棉布将第一个木桶中的皮渣和酵母沉淀物包好，挤压出更多的酒液。随后将第一个木桶洗净晾干，把过滤好的酒液再次放入木桶中（具体方法见第 14 页）。

4 封好木桶后放置 4 周。4 周后，用漏斗将酒液装入玻璃酒瓶中，盖好软木塞，用铁丝封口。

小贴士

李子酒装瓶后应置于阴凉的酒窖中，2 周后即可饮用。

简单

制作量 4 升
备料 1 小时
浸泡 3 周

桃叶酒

桃叶 250 克（约 150 片叶子）· 砂糖 500 克 · 干红葡萄酒 2000 毫升 · 40 度白酒 500 毫升

主要用具

配有密封盖的广口瓶 · 细筛 · 棉布 · 漏斗 · 玻璃酒瓶 · 软木塞

1 桃叶洗净并仔细擦干，装入洁净、干燥的广口瓶中。瓶中依次加入砂糖、干红葡萄酒和白酒，搅拌均匀后盖好密封盖。让桃叶在酒中浸泡 3 周（具体方法见第 11 页）。

2 3 周后，先用细筛将浸泡好的酒液过滤 1 遍，再用干净的棉布和漏斗将酒液重新过滤 1 遍（具体方法见第 14 页）。

3 将过滤后的酒液装入玻璃酒瓶中，封好软木塞。

小贴士

桃叶酒清爽可口，很适合作为开胃酒，也可以当餐后酒饮用。

简单
制作量 6 瓶
备料 20 分钟
浸泡 10 天 + 1 个月

无花果酒

无花果干 500 克 · 杜松子 7 粒 · 纯净水 5000 毫升

主要用具
7 升装的木桶 · 过滤网纱或棉布 · 漏斗 · 玻璃酒瓶 6 个 · 软木塞

1 将无花果干和杜松子放入洁净、干燥的木桶中。

2 将纯净水加热后倒入木桶，然后将木桶封好置于酒窖中，让无花果干和杜松子在水中浸泡 10 天。

3 10 天后换桶（具体方法见第 14 页）。换桶后将过滤网纱或厚棉布盖在漏斗上，将酒液滤入玻璃酒瓶中，封好软木塞。在阴凉干燥处放置 1 个月后即可饮用。

更多尝试
可以将杜松子换成桂皮或丁香。

非常简单

制作量 6 瓶
备料 45 分钟
上色 2 天
发酵 4 ~ 6 周

梨子酒

梨子 3000 克

主要用具

搅拌机 · 细筛 · 大号长颈瓶 · 过滤网纱 · 漏勺 · 漏斗 · 玻璃酒瓶 6 个 · 软木塞 · 封口铁丝

1 梨子洗净后切成小块，然后放入容器中，使其暴露在空气中 2 天，让梨块“生锈”。

2 将“生锈”的梨块放入搅拌机中搅碎，用细筛将梨汁滤出（具体方法见第 14 页）。

3 将梨汁倒入大号长颈瓶中，用过滤网纱封口，让梨汁发酵 4 ~ 6 周，其发酵速度取决于环境温度和梨汁含糖量。

4 发酵结束后，用漏勺撇去酒液上的梨渣，通过漏斗将酒液装入玻璃酒瓶中，盖好软木塞，用铁丝封口。

小贴士

若想加速发酵，可在梨汁中加入一两汤匙砂糖。

非常简单

制作量 6 瓶
备料 1 小时
上色 2 天
发酵 2 ~ 6 周

干苹果起泡酒

苹果 3000 克

主要用具

果蔬榨汁机 · 大号长颈瓶 · 过滤网纱 · 细筛 · 漏斗 · 玻璃酒瓶 6 个 · 软木塞 · 封口铁丝

1 将苹果洗净、切成小块后放入容器中，暴露在空气中一两天，让苹果块“生锈”。

2 将“生锈”的苹果块放入果蔬榨汁机里榨汁，并用细筛和漏斗将苹果汁滤入大号长颈瓶中。

3 用过滤网纱将长颈瓶封口，让苹果汁在瓶中发酵 2 ~ 6 周，其发酵速度取决于环境温度和苹果汁的含糖量。

4 将发酵好的酒液装入玻璃酒瓶中，盖好软木塞，用铁丝封口（具体方法见第 12 页）。

Cidre Brut

简单

制作量 5 瓶
备料 1 小时
发酵 6 周

黄香李酒

黄香李 6000 克 · 砂糖 1000 克 · 啤酒酵母 3 克 · 纯净水 2500 毫升

主要用具

搅拌机 · 5 升装的木桶 · 细筛 · 棉布 · 玻璃酒瓶 5 个 · 软木塞 · 封口铁丝

1 黄香李洗净后去核，果肉放入搅拌机中搅碎。

2 将搅碎后的果肉放入洁净、干燥的木桶中，砂糖和啤酒酵母放入纯净水中稀释后一起加到木桶里。将木桶封好，让黄香李果肉在木桶中发酵 2 周（具体方法见第 14 页）。

3 2 周后，打开木桶，用细筛滤出酒液，并用湿棉布将木桶中的皮渣和酵母沉淀物包好，挤压出更多的酒液。木桶洗净晾干，将过滤好的酒液再次倒入木桶中，封好木桶后放置 4 周。

4 4 周后，用漏斗将酒液倒入玻璃酒瓶中，盖好软木塞，用铁丝封口。

小贴士

黄香李酒香甜爽口，适合作开胃酒，也可以当餐后酒搭配甜点饮用。

简单

制作量 3 瓶
备料 20 分钟
浸泡 24 小时

覆盆子酒

熟透的覆盆子 400 克 · 砂糖 900 克 · 干白葡萄酒或半干白葡萄酒 1 瓶

主要用具

玻璃沙拉碗 · 细筛 · 棉布 · 漏斗 · 玻璃酒瓶 3 个 · 软木塞

1 将覆盆子（不须清洗）直接放入沙拉碗中，倒入干白葡萄酒，然后在沙拉碗上盖一块布，让覆盆子在酒中浸泡 24 小时。

2 1 天后，用细筛将浸泡好的酒液滤出，并用湿棉布将滤出的皮渣包好，挤压出更多的酒液。

3 将过滤好的酒液放入平底锅中，加入砂糖，用小火将酒液煮开。其间用木勺轻轻搅动酒液，让砂糖化开，随后离火放凉。

4 取一块棉布置于漏斗上，往棉布上一点点地倒入放凉的酒液，将酒液滤入玻璃酒瓶中。如有需要，过滤过程中可多次更换棉布（具体方法见第 14 页）。

5 用软木塞封好玻璃酒瓶。

小贴士

这款甜味覆盆子酒可以直接饮用，也可以像覆盆子糖浆一样对水后饮用。

简单

制作量 6 瓶
备料 40 分钟
放置 2 天
发酵 4 周

欧楂酒

欧楂 2000 克 · 砂糖 700 克 · 啤酒酵母 2 克 · 热水 1 杯 · 纯净水 3000 毫升

主要用具

7升装的木桶 · 沙拉碗 · 虹吸管 · 棉布 · 漏斗 · 玻璃酒瓶 6 个 · 软木塞 · 封口铁丝

1 欧楂清洗干净（无须去皮），放在沙拉碗中，用研杵将其碾碎。随后将沙拉碗用布盖好，在阴凉处放置 2 天。

2 在沙拉碗中倒入 1/2 杯热水，将啤酒酵母放入热水中搅匀，5 分钟后倒入剩下的热水，再加入砂糖，让砂糖在水中完全化开。

3 将欧楂果肉倒入木桶中，加入啤酒酵母与砂糖的混合液以及纯净水，让所有原料在木桶中发酵 4 周。

4 4 周后，将发酵好的酒液换桶，然后将酒液通过棉布和漏斗滤入玻璃酒瓶中，盖好软木塞，用铁丝封口（具体方法见第 14 页）。

小贴士

换桶是指用虹吸管将酒液从一个木桶虹吸到另一个木桶，用以去除前一个木桶里的皮渣和酵母沉淀物。有时需要重复换桶，并进行过滤。

简单

制作量 4 瓶
备料 40 分钟
浸泡 1 天
放置 9 天

黑加仑酒

黑加仑 3000 克 · 砂糖适量 · 红葡萄酒或桃红葡萄酒 1000 毫升

主要用具

搅拌机 · 过滤网纱 · 漏斗 · 玻璃酒瓶 4 个 · 软木塞

1 黑加仑去梗，剔除破损、发霉、腐烂的果粒，用搅拌机将其搅碎。

2 将搅碎的果肉装入沙拉碗中，加入红葡萄酒，并用干净的布盖在沙拉碗上，让黑加仑在酒中浸泡 1 天。

3 1 天后，用过滤网纱过滤酒液，并用过滤网纱包好皮渣，挤出更多的酒液（具体方法见第 14 页）。随后根据过滤出的酒液，计算一下加糖量，大约每升酒液需要加入 450 克砂糖。

4 将酒液倒入平底锅中加热，加入砂糖，轻轻搅动酒液使砂糖化开，酒液煮沸 5 分钟后离火放凉。

5 放凉的酒液用漏斗装入玻璃酒瓶中，放置 9 天后再封好软木塞。

小贴士

酒瓶应直立存放在避光处，远离热源。

比较简单
制作量 3 瓶
备料 20 分钟
浸泡 10 天

洋甘菊酒

干红葡萄酒或干白葡萄酒 1000 毫升 · 朗姆酒 120 毫升 · 洋甘菊 20 朵 · 橙子 1 个 · 砂糖 200 克

主要用具

配有密封盖的广口瓶 · 削皮器 · 细筛或过滤网纱 · 漏斗 · 棉布 · 玻璃酒瓶 3 个 · 软木塞

1 将橙子洗净擦干，用削皮器削出大片的橙皮。

2 将葡萄酒倒入洁净、干燥的广口瓶中，依次加入砂糖、朗姆酒、洋甘菊和橙皮，混合均匀后盖好密封盖，让所有原料在酒液中浸泡 10 天。

3 10 天后，用细筛或过滤网纱将浸泡好的酒液过滤 1 遍，再将酒液通过盖了厚棉布的漏斗滤入玻璃酒瓶中（具体方法见第 14 页）。封好软木塞，置于酒窖中。

小贴士

没有新鲜的洋甘菊时，可以用洋甘菊干花制作此款酒。

简单

制作量 3 瓶
备料 20 分钟
浸泡 15 天

西柚酒

西柚 2 个 · 干白葡萄酒 1000 毫升 · 45 度白酒 50 毫升 · 菊苣子 1 咖啡匙 · 砂糖 200 克

主要用具

配有密封盖的广口瓶 · 削皮器 · 细筛 · 漏斗 · 棉布 · 玻璃酒瓶 3 个 · 软木塞

1 将西柚洗净擦干，用削皮器削出大片的西柚皮。

2 将干白葡萄酒和西柚皮放入洁净、干燥的广口瓶中，再加入菊苣子、砂糖和白酒，盖好密封盖，让所有原料在酒液中浸泡 15 天。

3 15 天后，用细筛将浸泡好的酒液过滤 1 遍，再将酒液通过盖了厚棉布的漏斗滤入玻璃酒瓶中（具体方法见第 14 页）。封好软木塞，置于酒窖中。

小贴士

菊苣子可以让酒液呈现美丽的琥珀色。

简单
制作量 2 瓶
备料 20 分钟
浸泡 3 周

杜松子酒

杜松子 50 克 · 白葡萄酒 1250 毫升

主要用具
配有密封盖的广口瓶 · 研杵或锤子 · 过滤网纱 · 漏斗 · 玻璃酒瓶 2 个 · 软木塞

小贴士
制作杜松子酒时可加入几颗丁香、两三粒黑胡椒和 1 根桂皮。

1 用研杵或锤子将杜松子捣碎，装入洁净、干燥的广口瓶中。

2 广口瓶里倒入白葡萄酒，盖好密封盖，置于避光处，让杜松子在酒中浸泡 2 周。

3 浸泡好后，将酒液和杜松子一起倒入平底锅中，小火加热 10 分钟。广口瓶洗净擦干，将加热的酒液倒回广口瓶中。酒液冷却后盖好密封盖，继续浸泡 1 周。

4 1 周后，用过滤网纱和漏斗将酒液滤入玻璃酒瓶中（具体方法见第 14 页），封好软木塞。

水果糖浆

简单

制作量 3 瓶
备料 1 小时
放置 24 小时

樱桃糖浆

樱桃 2000 克・砂糖 1300 克

主要用具

去核器・研杵・过滤网纱・漏斗・玻璃酒瓶 3 个・软木塞

1 樱桃去梗，洗净去核，用研杵捣碎樱桃核与樱桃肉一起放入砂锅中。

2 砂锅放置 24 小时后，用过滤网纱滤出樱桃汁，并用过滤网纱将樱桃肉包好，挤出更多的果汁。

3 将樱桃汁倒入平底锅，加入砂糖，小火慢煮 20 分钟左右，轻轻搅动果汁直到煮沸。

4 将糖浆离火放凉，通过漏斗装入玻璃酒瓶中，封好软木塞。

简单

制作量 4 瓶
备料 30 分钟
放置 2 天

柠檬糖浆

黄柠檬 1500 克 · 砂糖适量

主要用具

柠檬榨汁器 · 细筛 · 漏斗 · 玻璃酒瓶 4 个 · 软木塞

1 黄柠檬洗净榨汁，用细筛滤出柠檬汁后计量其体积，根据柠檬汁的量计算出所需要砂糖的量（每升柠檬汁需要 1000 克砂糖）。

2 将柠檬汁与砂糖一起倒入大号平底锅中，小火沸煮 10 分钟，直到糖浆变得黏稠。

3 将糖浆趁热通过漏斗装入玻璃酒瓶中，放置 2 天后再封好软木塞。

小贴士

若想让柠檬糖浆的味道更加浓郁，可以加入一些黄柠檬皮或青柠檬汁。

简单

制作量 4 瓶
备料 45 分钟
放置 4 天

草莓糖浆

熟透的草莓 3000 克 · 砂糖适量 · 纯净水 150 毫升

主要用具

搅拌机 · 细筛 · 漏斗 · 玻璃酒瓶 4 个 · 软木塞

1 草莓洗净去梗，放入搅拌机中搅碎，用细筛将果汁滤入砂锅，然后在砂锅上面盖上布，放到冰箱冷藏。果汁放置 3 天后用细筛再次过滤。

2 将果汁称重，随后称取与果汁质量相同的砂糖。

3 制作糖浆：平底锅置于小火上，将砂糖和纯净水倒入锅内，轻轻搅动糖水，熬制 15 分钟后离火放凉（具体方法见第 10 页）。

4 将放凉的糖浆倒入草莓汁中，搅拌均匀后用漏斗装入玻璃酒瓶中。放置 1 天后再封好软木塞。

简单

制作量 4 瓶
备料 1 小时
放置 2 天

石榴糖浆

熟透的石榴 12 个 · 1 个黄柠檬榨出的柠檬汁 · 砂糖适量

主要用具

研杵 · 细筛 · 棉布 · 漏斗 · 玻璃酒瓶 4 个 · 软木塞

1 将石榴洗净，纵切为 4 块，剔下石榴子和白色的隔膜。

2 用研杵将石榴子和白色的隔膜捣碎，放入砂锅中，然后将砂锅放在冰箱中冷藏 2 天。冷藏好后用细筛过滤出石榴汁，并用棉布将石榴子包好，挤出更多的石榴汁。

3 计量一下石榴汁的体积，根据石榴汁的体积算出需要的砂糖量（每升石榴汁需要 1500 克砂糖）。

4 将石榴汁与砂糖一起倒入平底锅中，小火煮沸，其间轻轻搅动果汁让砂糖化开。随后加入柠檬汁，再次煮沸后离火。

5 糖浆放凉后用漏斗装入玻璃酒瓶中，封好软木塞。

小贴士

与混合红果果汁相比，石榴汁有着独特的宜人清香。可以在石榴糖浆中加入一点红色的食用色素，让糖浆的红色更鲜艳。

简单
制作量 3 瓶
备料 30 分钟

桑葚糖浆

桑葚 3000 克 · 砂糖适量 · 纯净水 250 毫升

主要用具
搅拌机 · 细筛 · 漏斗 · 玻璃酒瓶 3 个 · 软木塞

1 将桑葚洗净，放在漏勺上沥干水分，然后倒入搅拌机中搅碎，并用细筛过滤出桑葚汁。注意桑葚遇水易烂，清洗时需小心。

2 计量过滤出的桑葚汁体积，计算所需砂糖的量（每升桑葚汁需要 1000 克砂糖）。将桑葚汁倒入平底锅中，加入纯净水和砂糖，小火加热，轻轻搅动果汁让砂糖化开，煮制 15 分钟后关火。

3 糖浆放凉后用漏斗装入玻璃酒瓶中，封好软木塞。酒瓶要储存在阴凉避光、远离热源的地方。

简单
制作量 4 瓶
备料 30 分钟
放置 1 夜

橙子糖浆

橙子 3000 克 · 砂糖适量 · 纯净水 1000 毫升 · 橙子花水 4 汤匙

主要用具
柠檬榨汁器 · 削皮器 · 细筛 · 漏斗 · 玻璃酒瓶 4 个 · 软木塞

1 将橙子洗净，用削皮器削出大片的橙皮，橙子果肉榨汁。将橙汁和橙皮一起放入沙拉碗中，用干净的布盖好沙拉碗，放置 1 整夜。

2 制作糖浆：将纯净水和砂糖加入平底锅中，小火煮至砂糖开始化开时，换大火沸煮 5 ~ 10 分钟（具体方法见第 10 页）。随后将热糖浆倒入沙拉碗中，与橙汁搅拌均匀后用细筛过滤。

3 将过滤好的糖浆再次放入平底锅中煮 10 分钟，随后离火，加入橙子花水。待糖浆冷却后用漏斗装入玻璃酒瓶中，封好软木塞。

简单

制作量 4 瓶
备料 1 小时
浸泡 24 小时

生姜糖浆

生姜 400 克・桂皮 1 根・砂糖 1500 克・纯净水 1000 毫升

主要用具

搅拌机・过滤网纱・漏斗・玻璃酒瓶 4 个・软木塞

1 将生姜去皮，切成小块，放入沙拉碗中，加水浸没生姜块，让生姜块在水中浸泡 24 小时。

2 1 天后，将生姜块取出，沥干水分，放入搅拌机中搅拌成生姜泥。

3 平底锅中倒入纯净水和生姜泥，中火加热，随后放入砂糖和桂皮，轻轻搅拌至水开，盖上锅盖后换小火慢煮 1 小时，然后将其离火放凉。

4 用过滤网纱和漏斗将糖浆滤入玻璃酒瓶中，封好软木塞。

简单

制作量 4 瓶
备料 30 分钟
放置 6 小时

大黄糖浆

大黄 12 根・砂糖 1000 克・纯净水 1000 毫升

主要用具

细筛・漏斗・玻璃酒瓶 4 个・软木塞

1 大黄洗净，切成小段，放入平底锅中，加纯净水将其浸没，小火煮 10 分钟。

2 用细筛将大黄汁滤入砂锅中，并用布包住大黄段，尽可能多地挤压出大黄汁。然后在砂锅上盖布，放置 6 小时。

3 6 小时后，在砂锅中加入砂糖，与大黄汁一起搅拌均匀后倒入平底锅中，小火煮 25 分钟左右，煮沸后立即离火。

4 糖浆冷却后，用漏斗将其装入玻璃酒瓶中，封好软木塞。

简单
制作量 4 瓶
备料 1 小时
放置 2 天

苹果糖浆

苹果 1000 克 · 砂糖 1500 克 · 香草荚 1 根（可选）

主要用具
搅拌机 · 过滤网纱 · 漏斗 · 玻璃酒瓶 4 个 · 软木塞

1 香草荚横切成 2 根细长条，备用。苹果洗净，去皮、去核后切成大块，放入搅拌机中搅拌成苹果泥。然后将苹果泥倒入砂锅中，并将其用布盖住，放置 1 天。

2 1 天后用过滤网纱滤出苹果汁。随后将苹果汁倒回砂锅中，盖上布继续放置 1 天。

3 苹果汁放置好后，用细筛将苹果汁滤入大号平底锅中，加入砂糖和香草荚，小火煮 30 分钟，轻轻搅动直到糖浆变得浓稠。取出香草荚，离火放凉。

4 将糖浆用过滤网纱和漏斗滤入玻璃酒瓶中，封好软木塞。

小贴士
可用棉布包住过滤出来的苹果泥，挤压出更多的苹果汁。

简单

制作量 2 升
备料 20 分钟
浸泡 2 天

薄荷糖浆

胡椒薄荷枝 1 束（带叶带花）· 砂糖 750 克 · 绿色食用色素几滴（可选）· 纯净水 1000 毫升

主要用具

配有密封盖的广口瓶 · 滤纸或细孔过滤勺 · 漏斗 · 玻璃酒瓶 · 软木塞

1 摘下胡椒薄荷枝条上的叶子和花，洗净备用。

2 将大号平底锅置于小火上，倒入砂糖和纯净水，轻轻搅动至水开后再煮 5 分钟（具体方法见第 10 页）。

3 将胡椒薄荷叶和花放入糖浆中搅拌，若需要可滴入几滴绿色的食用色素。糖浆离火放凉后倒入广口瓶中。

4 糖浆在广口瓶中浸泡 2 天后，用滤纸和漏斗将其滤入玻璃酒瓶中，封好软木塞。

小贴士

相比其他糖浆来说，薄荷糖浆的存放时间较长，可以存放数月。

简单

制作量 3 瓶
备料 40 分钟
放置 2 天 + 10 小时

混合红果糖浆

草莓 500 克・覆盆子 500 克・红醋栗 500 克・蓝莓 500 克・黄柠檬 1 个・砂糖 1000 克・纯净水 200 毫升

主要用具

搅拌机或果蔬榨汁机・柠檬榨汁器・细筛・漏斗・玻璃酒瓶・软木塞

1 用自来水将所有水果快速冲洗干净，然后将水果去梗、沥干水分。

2 将除黄柠檬以外的其他水果放入搅拌机或果蔬榨汁机中榨汁，然后将果汁和皮渣一起倒入砂锅中，砂锅上盖布，在阴凉处放置 2 天。

3 2 天后，取出砂锅，将黄柠檬榨的汁倒入砂锅中，用细筛将果汁仔细滤出。

4 果汁称重，随后称取质量相等的砂糖。将果汁和砂糖一起倒入大号平底锅中，小火加热。用木勺轻轻搅动至水开后，离火放凉。

5 将糖浆用漏斗装入玻璃酒瓶中，放置 10 小时后，再用软木塞封口。糖浆要存放于阴凉避光处。

简单
制作量 2 升
备料 1 小时
放置 2 天 + 2 周

杏仁糖浆

新鲜甜杏仁 2000 克 · 苦杏仁 250 克 · 砂糖 1000 克 · 橙子花水 2 汤匙 · 纯净水或矿泉水 750 毫升

主要用具
研杵 · 漏斗 · 玻璃酒瓶 · 软木塞

小贴士
去壳后的杏仁放入沸水中煮 2 分钟，捞出沥水、降温后，便很容易剥去其薄皮。

1 将两种杏仁剥壳去皮，用研杵研碎，放入砂锅中，倒入纯净水或矿泉水后搅拌成糊状。砂锅上盖布，在阴凉通风处放置 2 天。

2 2 天后，将杏仁糊倒在一块干净的布上，滤出杏仁汁。

3 将杏仁汁倒入平底锅中，加入砂糖轻轻搅动，小火煮沸后再煮一两分钟后离火放凉（具体方法见第 10 页）。

4 在糖浆中加入橙子花水，用漏斗将其装入玻璃酒瓶中，封好软木塞。放置 2 周后即可饮用。

无酒精鸡尾酒和混合果汁

简单

4 人饮用

备料 10 分钟

香氛苹果汁

苹果汁 1 瓶 · 苹果 1 个 · 橙子 1 个 · 黄柠檬 1 个 · 杜松子 2 颗 · 丁香 2 颗 · 桂皮 1 根 · 香菜子 2 粒 · 黑胡椒 2 粒 · 红糖 30 克

主要用具

柠檬榨汁器

1 苹果削皮去核，切成小块，放入中号平底锅中。

2 将黄柠檬和橙子榨汁，放入平底锅中，再依次加入苹果汁、杜松子、丁香、桂皮、香菜子、黑胡椒和红糖。小火煮沸后立即关火，让果汁在锅中自然冷却。果汁可直接饮用，也可将所有香料捞出，仅留苹果块。

小贴士

香氛苹果汁既可以作为热饮，加热后倒入大啤酒杯或马克杯中饮用；也可以当作冷饮，倒进长颈瓶中加入冰块后饮用。两种喝法的口感都十分丰富，回味悠长。

简单

制作量 6 杯

备料 25 分钟

无酒精桑格利亚

白提 1000 克 · 苹果 2 个 · 橙子 2 个 · 香蕉 2 根 · 黄柠檬 1 个 · 青柠檬 1 个

装饰材料

碎冰块 · 橙子片 · 黄柠檬皮 · 青柠檬皮

主要用具

柠檬榨汁器 · 搅拌机 · 大号长颈瓶

1 将所有水果洗净。取 3/4 的苹果去核切块，香蕉切成圆段备用；取 3/4 的橙子和黄柠檬、青柠檬一起榨汁。

2 白提去梗，留出 10 颗后，将其余的白提连同苹果块一起放入搅拌机中。

3 搅拌机中加入橙子柠檬汁和香蕉段，一起榨汁后，倒入长颈瓶中。

4 剩余的 1/4 苹果去核切成小块；剩余的 1/4 橙子留皮切成圆薄片；剩余的 10 颗白提从中间一切为二，去子。将这 3 种处理好的水果一起放入长颈瓶，浸泡在果汁中。

5 饮用时，可将碎冰块直接加到长颈瓶中；也可将碎冰块放在杯子里，倒入果汁（果汁里的水果也均匀地倒在每个杯子中），撒上 2 种柠檬皮，杯口装饰 1 片橙子。

更多尝试

可以选择自己喜欢的其他应季水果制作这款无酒精桑格利亚，同样清香适口。

简单

制作量 4 杯

备料 5 分钟

椰香樱桃巧克力汁

樱桃 400 克 · 椰浆 600 毫升 · 小块巧克力 16 块 · 砂糖 2 汤匙

装饰材料

冰块 · 巧克力碎末 · 椰蓉

主要用具

去核器 · 搅拌机 · 擦菜器

1 将樱桃洗净，去梗、剔核，放入搅拌机中，再倒入椰浆。

2 用擦菜器将巧克力块擦成碎末，放入搅拌机，加入砂糖。将所有原料搅拌成奶昔状。

3 杯中放冰块，倒入果汁后撒上巧克力碎末和椰蓉即可（具体方法见第 13 页）。

小贴士

倒入果汁前，可先装饰杯子：先在杯底倒入 1 汤匙巧克力酱，然后旋转杯子，让巧克力酱沿着杯壁流淌出螺旋状的图案。倒入果汁后，巧克力酱会与果汁融合出十分好看的图案。

更多尝试

此款果汁用红色水果制作也十分美味，比如樱桃、覆盆子、草莓等。另外，香蕉巧克力、菠萝巧克力、香梨巧克力的搭配也非常完美。

简单

制作量 4 杯

备料 10 分钟

椰蓉珍珠奶茶

黑珍珠粉圆 4 汤匙 · 红茶 2 咖啡匙 · 纯净水 800 毫升 · 蜂蜜 4 汤匙 · 牛奶 300 毫升 · 椰蓉 4 汤匙 · 冰块适量

装饰材料

冰块 · 粗吸管 4 根

主要用具

搅拌机

1 煮黑珍珠粉圆：在平底锅中加入黑珍珠粉圆和水，小火煮 20 分钟，其间轻轻搅动，避免黑珍珠粉圆粘在一起。在煮制过程中，如果水变少了，可以加水。黑珍珠粉圆煮好后，在热水中浸泡 5 分钟，倒在漏勺里用凉水冲洗后，沥干水分备用。

2 将纯净水倒入平底锅中煮沸，加入红茶后关火。

3 平底锅中依次加入蜂蜜、牛奶、椰蓉和五六块冰，搅拌均匀后浸泡两三分钟。

4 在玻璃杯中放上黑珍珠粉圆，将浸泡好的奶茶滤入杯中，加入冰块，插上粗吸管即可。

小贴士

如果喜欢吃口感偏硬的黑珍珠粉圆，煮 15 分钟即可；若喜欢软糯的，则可煮 20 分钟以上。

更多尝试

可将牛奶换成椰浆，使椰香味更加浓郁。

简单
制作量 4 杯
备料 10 分钟

珍珠豆奶菠萝汁

菠萝 1 个 · 豆奶 400 毫升 · 日本珍珠粉圆 2 汤匙 · 棕榈糖 1 汤匙 · 细盐 1 小撮

主要用具
搅拌机 · 过滤勺

1 将豆奶放入平底锅中，加热后放入日本珍珠粉圆，再小火慢煮 10 分钟。随后放入棕榈糖和 1 小撮细盐，搅拌均匀后离火放凉。

2 将菠萝两头部分切除，先竖切成 4 块，剔除中间坚硬的菠萝心，再将菠萝肉切成小块，全部放入搅拌机中。

3 将豆奶滤入搅拌机中，与菠萝一起榨汁。滤出来的日本珍珠粉圆放入磨砂玻璃杯中，倒入榨好的果汁即可享用美味饮品。

小贴士
日本珍珠粉圆就是软糯爽滑的迷你白珍珠粉圆，它让这款果汁的口感更为丰富。

更多尝试
可将菠萝汁换成杧果汁或香蕉薄片，注意不要将香蕉榨汁，因为黏稠的香蕉汁会影响口感。此外，还可以用椰浆来代替豆奶。

简单

制作量 4 杯

备料 10 分钟

安的列斯微风

百香果 2 个 · 香蕉 2 根 · 猕猴桃 2 个 · 椰奶 4 汤匙 · 蜂蜜 1 咖啡匙 · 橙子 1 个 · 青柠檬 1/2 个 · 全脂原味酸牛奶 2 小盒

装饰材料

冰块 · 猕猴桃片

主要用具

搅拌机

1 百香果切成两半，将中间的果肉倒进搅拌机中；猕猴桃和香蕉去皮后切成圆薄片，放入搅拌机中。

2 搅拌机中依次加入椰奶、酸奶和蜂蜜，搅拌 30 秒。

3 橙子和青柠檬切成两半，将果汁挤入搅拌机中，继续搅拌一两分钟，榨出呈奶昔状的果汁。果汁倒入杯中，加入冰块，杯口装饰 1 片猕猴桃即可(具体方法见第 13 页)。

更多尝试

可将百香果换成其他水果，比如木瓜或荔枝。若想做成有酒精饮料，也可在此款果汁中加入少许白朗姆酒或香蕉利口酒。

简单

制作量 4 杯

备料 10 分钟

冰镇胡萝卜牛油果汁

胡萝卜 5 根 · 西芹 2 根 · 牛油果 2 个 · 绿豆芽 400 克 · 酸奶 2 小盒

装饰材料

碎冰块 · 胡萝卜片 · 西芹段

主要用具

搅拌机

1 将胡萝卜和西芹（去叶）洗净切段，放入搅拌机中。

2 牛油果切成两半，去皮剔核，果肉放入搅拌机；绿豆芽洗净，连同酸奶一起倒入搅拌机。

3 将所有原料榨汁。

4 将果汁倒入杯中，加入碎冰块，杯口装饰 1 小根西芹段和几片胡萝卜即可。

更多尝试

可以选择胡萝卜汁成品，仅将西芹放入搅拌机中榨汁。注意要选择脆嫩的西芹，并去掉筋丝，以免影响口感。

简单

制作量 6 杯

备料 45 分钟

大黄水果盛宴

大黄 600 克・熟透的香蕉 3 根・血橙 2 个・草莓 12 颗

装饰材料

橙汁适量・砂糖 2 汤匙・草莓 6 颗

主要用具

搅拌机・柠檬榨汁器・削皮器

1 大黄洗净，去叶剔筋，切成两三厘米长的小段。

2 大黄段放入平底锅中，加水将其浸没。

3 用削皮器将血橙的皮削下来，将橙皮放入平底锅中，加水小火煮 25 分钟左右，之后将大黄段捞出，沥水放凉。

4 血橙肉用柠檬榨汁器榨汁；草莓洗净，去梗切片；香蕉去皮后切成圆薄片。

5 搅拌机中依次放入煮熟的大黄段、草莓片、香蕉片和血橙汁，榨出果汁后放入冰箱冷藏。

6 另取橙汁涂抹在玻璃杯边缘以湿边，然后将玻璃杯倒扣在盛有砂糖的小碟上旋转 1 周，就形成了漂亮的糖边。随后在杯口装饰 1 颗草莓，倒入果汁即可。

小贴士

选用玫红色的大黄，可以榨出漂亮的玫红色果汁。若想让颜色更鲜艳，可以在果汁中加入一点石榴糖浆，或在杯底先倒上一点石榴糖浆，再加入果汁。

简单
4 人饮用
备料 10 分钟

胡椒草莓菠萝汁

熟透的菠萝 1 个 · 熟透的草莓 300 克 · 苹果汁 100 毫升 · 青柠檬 1 个 · 牙买加胡椒 5 粒 · 冰块 4 块

装饰材料
1/2 片青柠檬 · 草莓片 · 菠萝片 · 冰块

盛器
冰镇的玻璃杯 4 个

主要用具
柠檬榨汁器 · 搅拌机

1 将玻璃杯放入冰箱中冰镇，备用。

2 菠萝带皮纵切成 4 块，取 1 块切成 4 片薄片备用。剩下的菠萝去皮，菠萝肉切成小块。

3 草莓洗净、沥干水分后去梗，将较大的草莓切成两半。

4 青柠檬洗净，用擦菜器擦去一层薄薄的果皮，取半个青柠檬榨汁。牙买加胡椒粗略地研碎。

5 搅拌机中依次加入一半菠萝肉、150 克草莓、青柠檬汁、少许青柠檬皮、苹果汁以及 2 块冰块，搅拌成泥状。随后再逐一把剩下的原料加到搅拌机中，将果汁搅拌成奶昔状。最后加入研碎的牙买加胡椒，继续搅拌数秒。

6 在冰镇的玻璃杯杯口装饰 1 片菠萝、1 片草莓、1/2 片青柠檬（具体方法见第 13 页），倒入果汁后加入一些冰块即可。

小贴士
牙买加胡椒最好在添加前研碎，以便更好地保留其芳香气味。

更多尝试
可将草莓换成其他红色水果，也可以将菠萝用杧果代替。如果不喜欢牙买加胡椒浓郁的味道，可以换成味道清淡的红色浆果，如蔓越莓、覆盆子等。

简单

4 人饮用

备料 10 分钟

姜汁荔枝奶昔

保加利亚酸奶 4 小盒・牛奶 250 毫升・鲜荔枝 25 颗・10 厘米长的鲜生姜 1 块・青柠檬 1 个・砂糖 4 汤匙・丁香粉 1/2 咖啡匙・冰块适量

装饰材料

荔枝 4 颗・青柠檬 4 片・甘蔗 1 段・冰块适量・竹签

盛器

大号古典杯或高脚果汁杯 4 个

主要用具

搅拌机・擦菜器・柠檬榨汁器

1 荔枝剥皮去核；生姜去皮擦丝；青柠檬洗净后擦去一层薄薄的果皮，果肉榨汁。

2 牛奶中放入砂糖，搅拌让其在牛奶中化开。再放入青柠檬皮和丁香粉，搅拌均匀。

3 将酸奶、牛奶、青柠檬汁倒入搅拌机，再依次加入荔枝、生姜丝和冰块，榨成奶昔后放入冰箱中冷藏。

4 将用于装饰的荔枝去皮剔核后，切成两半，取 2 块荔枝和 1 片青柠檬穿在竹签上。随后在古典杯或高脚果汁杯的杯底放满冰块，倒入冰镇的奶昔。甘蔗段竖切成 4 块，取 1 块放在奶昔中。竹签横放在杯口上即可。

小贴士

若奶昔做出来的时间太久，怕影响口味，在饮用时可以放入烤箱烤制一下使其略微乳化。

简单
4 人饮用
备料 10 分钟
浸泡 15 分钟
冷藏 2 小时

薄荷绿茶鸡尾酒

薄荷绿茶原料
纯净水 1000 毫升 · 绿茶 2 咖啡匙 · 新鲜薄荷枝 1 束 · 砂糖适量

鸡尾酒原料
青柠檬 2 个 · 西柚 1 个 · 薄荷糖浆 150 毫升 · 冰块适量

装饰材料
薄荷糖浆 · 薄荷枝 · 青柠檬片

盛器
坦布勒杯 4 个

主要用具
长颈瓶 · 柠檬榨汁器 · 擦菜器

1 制作薄荷绿茶：在平底锅中加入纯净水，大火烧开后关火，将洗净的薄荷叶和绿茶放入平底锅中，浸泡 15 分钟左右。

2 在薄荷绿茶中加入砂糖，搅拌均匀后倒入长颈瓶，然后将长颈瓶放入冰箱中冷藏 2 小时。

3 制作鸡尾酒：青柠檬洗净，擦下青柠檬皮，将青柠檬果肉和西柚榨汁，青柠檬皮备用。

4 将榨好的果汁、青柠檬皮、薄荷糖浆倒入长颈瓶，搅拌均匀，分别倒入 4 个坦布勒杯中，至七分满。每个杯里加入冰块，并倒入一点薄荷糖浆（无须搅拌），杯口装饰 1 枝薄荷和 1 片柠檬即可。

小贴士
在盛夏的夜晚，此款鸡尾酒很适合冷藏后倒入酒杯慢慢饮用。

更多尝试
可用石榴糖浆代替薄荷糖浆，并在鸡尾酒中加入 1 小撮生姜末。

简单

4 人饮用
备料 10 分钟
浸泡 1 小时
冷藏 2 小时

原味柠檬水

黄柠檬 5 个 · 纯净水 1250 毫升 · 砂糖 5 汤匙 · 细盐适量

装饰材料
砂糖 2 汤匙 · 冰块 · 黄柠檬片

盛器
坦布勒杯 4 个

主要用具
长颈瓶 · 柠檬榨汁器 · 过滤勺

1 在纯净水中放入 5 汤匙砂糖和少许细盐，搅拌均匀，烧至沸腾后离火放凉。

2 黄柠檬洗净、去皮，果肉用柠檬榨汁器榨汁。取两三个柠檬的柠檬皮切块，和柠檬汁一起放入纯净水中，搅拌均匀。

3 柠檬水在常温下放置 1 小时后倒入长颈瓶中，将长颈瓶置于冰箱中冷藏 2 小时。

4 将冷藏好的柠檬水过滤 1 遍，滤出柠檬皮，再放入几片新鲜的柠檬。

5 取几片黄柠檬放在小碟子中，并在每片柠檬的两面都撒上一层砂糖。然后将挂上糖霜的柠檬片装饰在坦布勒杯的杯口，杯中放入冰块，倒入柠檬水即可。

小贴士
砂糖在柠檬汁里不容易化开，若喜欢偏甜的口味，可在柠檬水中直接加入糖浆。

更多尝试
可在原味柠檬水中加入几片薄荷叶或少许橙子花水。

简单

4 人饮用
备料 5 分钟

起泡杏仁杏子汁

杏仁糖浆 250 毫升 · 杏子汁 600 毫升 · 青柠檬 1/2 个 · 黄柠檬 1/2 个 · 苏打水 500 毫升

装饰材料

黄柠檬片 · 石榴糖浆 · 冰块 · 搅拌棒 · 吸管

盛器

郁金香杯或鸡尾酒杯 4 个

主要用具

擦菜器 · 柠檬榨汁器 · 大号长颈瓶

1 青柠檬和黄柠檬洗净，用擦菜器擦出柠檬皮，果肉榨汁。

2 长颈瓶中依次倒入 2 种柠檬汁、杏仁糖浆和杏子汁，搅拌均匀。

3 在郁金香杯或鸡尾酒杯中加入冰块，倒入混合好的果汁至七分满，再倒入苏打水和少许石榴糖浆。

4 杯口装饰 1 片黄柠檬，插入吸管和搅拌棒即可。

小贴士

自制杏仁糖浆: 将 1500 毫升纯净水烧开，加入 2 汤匙研碎的杏仁后继续煮 30 分钟，然后过滤，在滤出的杏仁汁中加入砂糖和柠檬汁即可。

更多尝试

可以同时将杏子汁换成苹果汁，将苏打水换成杏仁浆。

简单
4 人饮用
备料 5 分钟

无酒精莫吉托

青柠檬 4 个 · 薄荷枝 1 束 · 细砂糖 10 汤匙 · 苏打水 750 毫升

装饰材料
薄荷枝 · 青柠檬皮薄片 · 冰块

盛器
坦布勒杯或古典杯 4 个

主要用具
柠檬榨汁器 · 研杵 · 搅拌勺

1 留 1 枝薄荷备用，其他的摘下薄荷叶，洗净。

2 青柠檬洗净，取 3 个榨汁，剩余 1 个切片。

3 将细砂糖撒在薄荷叶上，用研杵把薄荷叶稍微挤压一下，注意不要将薄荷叶捣碎，保持叶片完整。青柠檬片也用研杵稍微挤压一下。

4 坦布勒杯或古典杯中依次加入青柠檬汁、薄荷叶、青柠檬片和冰块，并倒入苏打水直至装满。取 1 小段薄荷枝和 1 片青柠檬皮装饰杯口即可。

小贴士
可将调制好的无酒精莫吉托放入冰柜冷冻。在冷冻期间，将饮料取出两三次，用叉子将还未完全冻住的部分敲裂，裂纹仿佛大理石的花纹一般，这便是冰冻大理石莫吉托。

更多尝试
在饮料中放入一些完整的新鲜薄荷叶和碎冰块，可使饮料呈现清爽的绿色。

简单
4 人饮用
备料 5 分钟

麦迪娜血腥玛丽

番茄汁 1000 毫升 · 黄柠檬 1 个 · 伍斯特郡酱汁 2 咖啡匙 · 哈里萨辣酱 1/2 咖啡匙 · 孜然粉 1/2 咖啡匙 · 蛋黄 2 个（可选）· 香芹盐适量 · 黑胡椒粉适量

装饰材料
黄柠檬片 · 冰块

盛器
坦布勒杯 4 个 · 长颈瓶（可选）

主要用具
柠檬榨汁器 · 擦菜器 · 搅拌机

1 黄柠檬洗净，用擦菜器擦出 3 汤匙的柠檬碎皮，果肉榨汁。

2 柠檬汁里淋上哈里萨辣酱，撒上柠檬碎皮，倒入番茄汁后搅拌均匀。

3 将番茄柠檬汁倒入搅拌机中，再依次加入少许香芹盐、黑胡椒粉、孜然粉、伍斯特郡酱汁和蛋黄，搅拌一两分钟。

4 将调好的果汁倒入长颈瓶或坦布勒杯中，加入冰块和柠檬片。杯口装饰 1 片或几片柠檬即可。

小贴士
若调制 1 人份的麦迪娜血腥玛丽，可使用调酒壶。

更多尝试
可用少量多香果代替孜然粉。

简单

4 ~ 6 人饮用

备料 10 分钟

生姜草莓杧果汁

草莓 1000 克・杧果 2 个・黄柠檬 1 个・砂糖 150 克・5 厘米长的鲜生姜 1 块・冰块适量

主要用具

柠檬榨汁器・擦菜器・搅拌机

1 将草莓洗净、去梗，杧果去皮、去核后切块。

2 用柠檬榨汁器将黄柠檬榨汁，砂糖放入柠檬汁中化开。生姜去皮后擦成丝。

3 将草莓和杧果块放入搅拌机中，再依次加入放了砂糖的柠檬汁、生姜丝和冰块。

4 将所有原料在搅拌机中榨出奶昔状果汁即可。

小贴士

可依据个人口味以及选用水果的含糖量，来决定原料中砂糖和生姜的用量。

图书在版编目（CIP）数据

创意鲜果鸡尾酒 /（法）玛雅·巴拉卡特－努克著；吉玉婷译．— 北京：中国轻工业出版社，2018.6

ISBN 978-7-5184-1937-1

Ⅰ．①创… Ⅱ．①玛… ②吉… Ⅲ．①鸡尾酒－调制技术 Ⅳ．① TS972.19

中国版本图书馆 CIP 数据核字（2018）第 071569 号

责任编辑：高惠京　胡　佳　　责任终审：张乃柬　　整体设计：锋尚设计

策划编辑：高惠京　　责任校对：吴大鹏　　责任监印：张京华

出版发行：中国轻工业出版社（北京东长安街6号，邮编：100740）

印　　刷：北京博海升彩色印刷有限公司

经　　销：各地新华书店

版　　次：2018年6月第1版第1次印刷

开　　本：720×1000　1/16　印张：10.5

字　　数：200千字

书　　号：ISBN 978-7-5184-1937-1　定价：68.00元

邮购电话：010-65241695

发行电话：010-85119835　传真：85113293

网　　址：http://www.chlip.com.cn

Email：club@chlip.com.cn

如发现图书残缺请与我社邮购联系调换

171013S1X101ZYW